文・芥川 耿子
絵・芥川 奈於

contents

芥川家の猫たち 紹介

◀ニャモ（♀）

芥川家初期の猫。子育てに専念した、
たくましくもひかえめな母。
この猫がいなければ、この本は
書かれることはなかった。

◀ミミ（♀）

自分が可愛いと思っている。
自己チュー猫。知ったかぶりが
玉にキズ。カギ尻尾が
チャームポイント。

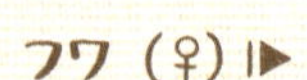

フワ（♀）▶

ちょっとマヌケな大柄な女の子。
大人しく見えるが時には大胆。
出生には大きなヒミツが…。

◀シミ（♀）

天真爛漫。狩り上手。
「アルプスの少女ハイジ」のようで、
面倒見の良い一面も。

ピコ（♂）▼

姉弟思いの男の子。気がよく、
優しい反面、臆病でもある。

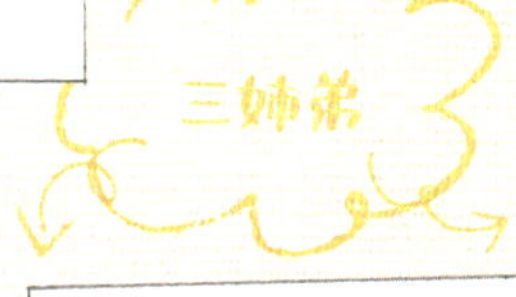

パーマン（♂）▶

仔猫の頃は
苦労もしたが、
立派に成長。
独立独歩でクール。

クローバー（♀）▼

芥川家初の
血統書付き猫。
甘えん坊なのに利発。
サビ模様で小柄。

◀メルモ（♀）

スラリとした
スポーツ型。
噛み癖のある
変わり者。
現在は闘病中。

プロローグ　猫好き誕生

猫好きでなければ、たわいのない話ばかりであると思うが、仮に人生百年とすると半分以上、下手をすれば百年に手が届くのも遠くないほど猫と出会い、つきあい、暮らしてきた事には感慨深いものがある。

数年前に「月刊ねこ新聞」より連載の依頼を受けて二〇一四年から二年ほど家の猫たちについて書いた。その時の話を中心に一冊の本にしようと思いたち実現したのだが、猫たちは切れ目なく私の家を出入りしていたので文章の中でも猫が入り乱れていて頭がこんがらがってしまう。そこで私は娘に応援を頼み、愛おしい猫たちを絵にしてもらった。

絵を見て気づいたのが雌猫の多いこと。白猫が三匹もいること。暮らした猫は山ほどいるのに結果的に十匹に満たない猫しか登場していない。

ところで芥川の家の猫好きといえば母方の祖母が黒猫を飼っていたというのを聞いた程度である。二人の祖父は勿論、一緒に暮らしていた父方の祖母や母なども昔から猫を飼ってはいなかった。父も叔父も動物好きではあったが、特に猫好きだったとは言えない。それなのに私がここまで猫好きなのは何故か。強いて言えば大人ばかりの中で育ったためだろう。いつもひとりぼっちのようで、自分の身近に絶えず一緒にいてほしかったのが猫であり、私の慰めになったのだと思う。幼い頃に出会った未知の家族は私を虜にしたようだ。

私の子供たちは、この猫の家族を当然のように受け入れて私と同じように猫好きになり、娘などは猫の絵を沢山描いては個展まで開くようになった。

令和元年、メルモは十八才、クローバー十四才、共に雌猫の二匹が今一緒に住んでいる。人間だとメルモが八十八才、クローバーは七十一才で、私はメルモの介護中である。メルモもクローバーも、平成生まれ平成育ちの現代っ子などと言っていたのは随分前の話だ。

ここに登場する猫たちの殆どは昭和の時代を生きぬいた。

はじめて出会ったチーコは昭和二十年代、ニャモは三十年代、ミミが来たのが五十年代、昭和六十年代にはフワが迷い込んできた。平成に元号が変わった翌年、シミ、ピコ、パーが訪れ、やがてメルモが仲間入りした。その頃は、猫たちは我が家のあちこちで遊び、昼寝をし、病気になり、いなくなり、猫家族の入れ替わりも激しかった。

猫たちのことを振り返りながら自分の過ごしてきた日々を思い出していると、メルモが「お腹すいたよ」と私の肩を叩いた。クローバーはそれを横目で見ながら娘に抱かれ満足気だ。この何気ないひととき。私は幸福である。

I

猫の足跡

猫・礼賛

「本当に猫が好きねえ」と姉に言われた。猫と遊びながらニタニタしている私の顔を見て微笑んではいるものの、どこか呆れ果てた表情にも見えた。

そもそも猫との出会いには姉が深く関わっている。年の離れた姉と、その友達にくっついて遊び、家に帰る途中、小さな橋の下で白い仔猫がミャーミャーと心細そうに鳴いていたのだ。流れる川の淵まで下りていったのが姉だったのか友達だったのか定かではないが、私はそこに行かず眺めていたのだけは覚えている。そして仔猫は姉に抱かれて我が家にやってきた。私と猫との生活がこの時から始まったのだ。

それなのに猫の名前がチーコということ以外は殆ど記憶にない。チーコと暮らした鵠沼から一家で東京に引っ越す時に、当然チーコも連れてきた筈なのに覚えていない。引っ越しのドサクサに紛れて行方不明になったのだと思っていたが、今になるとそれすらも不確かだ。チーコがいなくなったので、私が白いタオルを猫に見立てて、両手に抱え「チーコ、チーコ」と呼びかけているのを見た父が、鵠沼に行った際、元の家のあたりでみつけた、とチーコを連れて帰ってきたらしい。母が、あんな遠くまでよく戻っていったと驚いていたので、本当だと思っていたが疑問である。一度連れ帰ったのに又いなくなってしまったとも聞いた。もしかしたら本当かもしれない。

猫でも犬でも遥か遠くまで元いた家へ戻るという話もある。引っ越す時にチーコを連れてくる事が出来なかったのかも知れず、詳しい話は今となってはわからない。いずれにしても父が私の猫に対する気持ちを察してくれて、思いやってくれたのは間違いなく、何が本当で何が嘘なのかはどうでもいい。

それにしても私の家族にこれほどの猫好きがいただろうか。私の子供たちは私の影響で猫が大好きだが、私以前には聞いたことがない。

祖父も祖母も特に動物好きという訳でもなく、母は可愛いとは言うものの、あちこち汚すので困っていた。父は動物好きであったが、どちらかというと犬派で、父の傍にはいつも犬がいた。犬派の父と猫派の私がいるので家には犬と猫が絶えず、賑やかだった。なかには犬に添い寝をする猫がいたし、ある時は仔犬の兄弟や仔猫の姉妹があちこちにいて遊んだりしていた。

一体どうしてこんなに猫が好きなのだろう。姿も形も耳も目も髭も、手足の裏もしっぽも、ザラザラした舌もポヨポヨした股も何もかも。可愛らしい瞳の奥に潜む、ずる賢い眼差し。優しい寝息の先にある野生の鋭い爪。擦り寄るのもそっぽを向くのもお気に召すまま。孤独を装うハンター。優雅なじゃじゃ馬。自由気儘な彼らを愛さずにはいられない。

「本当に猫が好きねえ」

「そうなの、猫がいないところに私がいるなんて考えられないの」

愛に説明はいらない。
猫たちの未来がどうか明るく
輝きますように、と私は今日も
祈る。

ニャモ先輩

ニャモはノラで、私が捕まえた。仔猫だったのですぐ懐き、面倒を見る私とは気が合った。ニャモは大きくなってから外で遊ぶようになったが、ある時からいつまで待っていても帰ってこなくなった。もう戻ってこないかもしれないと半ば諦めていたらひょっこり現れた。餌と暖かな寝場所を思い出したのだろう。喉を鳴らして擦り寄るニャモを抱きしめてやった。

外で素敵な彼氏と巡り合ったのか、日に日に小柄な彼女のお腹だけが大きくなり妊娠が発覚した。赤ん坊がいつ生まれてくるのか、何匹なのかと想像はしていたが、若かった私はその時の事までは考えていなかった。

ある日の夕刻、ニャモがやたらにウロウロと室内のあちこちを歩きはじめ、ニャーニャーと鳴きだした。いつもとは違う気配に私は彼女の出産が間近に迫っているのを

悟った。寝床を用意しなければと思い、部屋の片隅の暗がりにボール箱を置いてやったが出たり入ったりを繰り返し、私の後をついてくる。落ち着かないので、工夫を凝らし箱の周囲を布で覆ってみたが効果はなく、相変わらず体の異変を訴えにくる。そんな状態が夜中まで続き、家族も寝室に向かった頃、ニャモはますます声を張りあげ私の傍を離れない。「よしよし、大丈夫」私は彼女をそっと抱きかかえボール箱のベッドに入れてやり、お腹や頭を繰り返し撫でてやった。夜の間、彼女が安心していられるようにずっと付き添った。私は猫のナースだ。

生まれた！　正確な数は忘れたが五匹ぐらいだったと思う。次々に小ちゃな小ちゃな白や白黒の赤ん坊が彼女の体内から出てきて、まだ目も開いていないのに母乳を吸いに動き出す。「よかったね」ニャモの顔を見ると糸のような目でグルルグルルと言っている。嬉しそうだった。

ニャモは初産で、どんなに心細かっただろうか。

私も初産の時は不安だった。長男が生まれた五月の朝、私の腕の中で初めて対面した我が子はウインクした。ニャモ先輩のように私も嬉しかった。

ミミが来た日

昭和五十九年、白猫のミミが来た。

その日は大雪が降った後で、私が外出先から家に戻ると玄関に二足の濡れた長靴が並んでいた。当時小学生だった子供たちが既に学校から帰っていて、二階で気配がする。階段を上っていくと、「お帰りなさい！」と二人の弾んだ声が返ってきた。子供たちはにこにこして、それでもどこかよそよそしい素振りで、ちらちら私を見る。「どうしたの？」彼らは互いに目配せをしあいながら、落ち着きなく身体を動かしたり、ベッドの上で飛び跳ねたりしている。「何か隠しているの？」部屋を確認すると本棚の横に決定的な証拠をみつけた。「猫でしょう、猫がいるのね」

「何故？」娘が私を試すように聞く。「そこにミルクがあるもの」私が指をさすと、娘も息子もばれたとばかりにキャーキャー騒いで大興奮した。

「猫は駄目よ。もう駄目」

私がそう言うには訳があった。ちょっと前までいたニャン太郎という猫がノミの置き土産をしていなくなったばかりだったからだ。家と外を自由に出入りしていたニャン太郎のノミが蔓延(まんえん)してしまい、そのためにソファーやカーペットなど全部を捨てる羽目になり、人間にも被害が及びさんざんな目にあったのである。

「おねがい」「おねがい」子供た

ちが交互に訴えてくる。猫は仔猫で、娘が下校時に雪の中でみつけたのだと言う。この大雪の中、仔猫が一匹でいる訳がない。きっとお母さんが傍にいて、どこかで待っているか、探しているかもしれないと言ってみたが、「違う、一匹でポツンといた」と言うのだ。「寒いし、かわいそうでしょ?」二人で猫好きの私を刺激する。「で、どこにいるの?」「ここ」娘が布団の中で眠っていた仔猫を抱えてきて私に見せた。その瞬間、私は叫んでしまった。「うわー可愛い! これはもう飼わなきゃ駄目!」

娘の腕の中には、大きな目をした、ピンクの鼻と柔らかな二つの耳の、小さな小さな白い猫が、ちょこんと頼りなげにいたのである。

「これは神様からの贈り物よ。雪の日に真っ白な猫なんて」さっきまで子供たちを説得しようとしていた私はもういなかった。

ミミ三昧

乳離れしたかしないかの仔猫ミミは、新しい家族になった。私の子供たちにとっては年の離れた妹のような、私にとっては久々に生まれた子供のような存在だった。何もかもミミを中心に動くといってもいいほど、ベタベタと構いすぎるぐらい構って皆ちょっとどうかしていた。

それはミミの見た目の可愛らしさにもあったと思う。白いもこもこの毛と短い手足、それに合わせた短いカギしっぽとピンクの肉球。世界中の物も音もキャッチできそうな大きな目と耳。丸い顔にぺちゃんこの小さな鼻。そしてその鼻にかかったような甘ったるい鳴き声。動物好きの叔父も、見た瞬間、目尻を下げて「こんな可愛いのはいない」と言ったほどだ。とにかく特別扱いの猫だった。

ミミが大きくなるまで、家に置きざりにしたことはない。買物に行くにも銀行に行くにも小さなバッグに入れて連れ歩いた。彼女の顔をちょこんと出した袋を下げていると、振り返られたり声をかけられたりした。「それは何ですか？」と聞かれた事もあり、「猫です」と答えると「えっ猫なんですかー？」と驚かれた。猫入りの袋を持っている私の姿がよほど異様だったとみえて、その人は曖昧な笑みを浮かべて去って行った。ミミは家族旅行も楽しんだ。バスや電車を乗り継いで行ったり、車で長旅もした。湖でボートに乗ったり、山道を歩いたり海辺で波と遊んだりもした。猫が入園していいのだろうか、動物園にまで連れていってしまった。彼女は暴れることもなく、怖がりもせず檻の中の動物たちをじっと眺めていた。

　親兄弟との接触が少ないまま人間に飼われた猫は、自分を人間だと思って育つと何かの本で読んだが、ミミは全くその通りのように思う。ミミと遠出をして自宅に戻った晩、彼女がどこにもいないので方々探すと、私のベッドに入り布団をかけ、枕の上に頭をのせて横になり、スースーと寝息をたてていたのだった。

ミミの正体

ミミは私たち家族にチヤホヤされて育ったからか、大人になるにつれ、自分は何をしても許されるのだという振る舞いが目立つようになった。彼女だけ家に残して出かけた後、数時間たって戻ると玄関口にウンチが転がっている。そして靴箱の扉は開け放たれ、私が大切にしている観葉植物の鉢も倒れている。葉は見事に喰い噛られ、土だらけだ。それだけではない。高い棚に飛び乗ったとみえ、そのはずみだろう、上に置いてあったガラクタの入った箱が床に落ちて散乱している。まるで間抜けな泥棒が侵入したように見えた。

私たちがあまり構うので、日頃の不満が鬱積していたのかもしれないとミミを見ると、「なによ、あたしだけ置いてって」というようにプイと顔をそむける。「どうしてこんな事をするの！」ときつく叱っても、どこ吹く風で尻尾を揺らして悠然と歩いて去っていく。

私たちの外出時を狙って、ドアの隙間から時々脱出も試みた。庭にある一番高い楢（なら）の樹のてっぺんまで一気に登り、「すごいと思わない？　来られるものなら来てごらんなさい」と私を見下ろす。

またある時、庭から門を擦り抜け表通りまで走っていって姿を消した。はじめのうちは慌てて探したが、その必要がないのがわかった。別の日、いなくなったミミを気にかけながら仕事先から戻ると、ミミは門前に横たわり「遅かったのねぇ、どこ行ってたのよ」と言う。「自分こそどこへ行ってたのよ、お腹すいたんでしょ」。私は反抗期の娘を促すように玄関に向かったのだった。

自信過多でもあるミミは、写真を撮られるのが大好きだった。何を勘違いしたのか、カメラを向けるとモデル気分になるらしく、飾ってある雛（ひな）人形や鎧兜（よろいかぶと）の傍に行ってポーズをとる。薔薇の花でも活けようものなら花瓶の前に横たわり、「どう？」とカメラ目線で魅惑的なオリーブグリーンの目を輝かす。そして艶かしい白い太腿を舐めたりする。レディ・ミミの、ミミだけの世界がそこにある。

ミミと一緒だった昔なつかしい日々。唯我独尊とはミミに与えられた言葉ではないかと思ってしまうほどの強烈な個性をもった猫だった。

ミミの錯覚

ある昼下がり、ミミは椅子に坐ってテレビをぼんやり眺めていた。台所仕事を終えた私は、彼女が坐っている後ろにあるソファーに腰を下ろし、つけっぱなしになっていたテレビ画面に何気なく目をやると、男性歌手のMが歌っている。Mの顔が大映しになった瞬間、ミミが突然、後ろを振り向き、ちろっと私の顔を見ると再びテレビに向きじっとしている。そしてきらびやかな衣装のMが笑顔で話しはじめると即座に振り返り、今度は私を凝視する。何？　ミミの行動が把握できずに、今度は私がミミとテレビを交互に見る。テレビの中は相変わらずMのアップ、そして私。ミミも相変わらずMと私を見比べている。

「そうか、そうか」納得して私は大笑いした。

数日前、長く伸びきった髪を美容院で思いきり短くカットしてきたばかりだった。

見ればMのヘアースタイルによく似ている。顔の輪郭も似ているかもしれない。ミミは自分のすぐ前にいるMと、すぐ後ろにいる私とが一体どうなっているのだろうかと不思議だったのかもしれない。「ん？　変ねえ、こっちは？　あっちは？」と戸惑ったのだろう。さすがにミミだ。幾度も見比べ、きちんと解らなければ気がすまなかったのだ。結論はどうだったのかとミミを

見れば、「あたしの錯覚だったのかもね」とでもいうように、何故か安心したように丸くなってリラックスしている。

ほんとうにMと私が別人だと解ったのだろうか。「ちょいとミミさん、あの人は私じゃないのよ」と声をかけると、彼女は何事もなかったかのように目を閉じ、耳だけをピコピコ動かしてみせた。ミミの答えは謎のままだ。

家にミミが来たのは三十年も前。その後に縞しっぽの母さん猫と出会い、その子供たちシミ、ピコ、パーの三姉弟と暮らし、今は中年になったメルモと過ごす毎日である。彼女たちの成長する姿を眺めているうちに、いつの間にか私も年を重ね、気がつけば、かつて老境に入っていった猫たちのように日だまりでうたたねなどしているのである。

シミ・ピコ・パーの時代

縞しっぽの母さん猫と出会ったのは雨の日だった。母さんは大きなお腹を抱えて「ねえ」と私に話しかけてきたのだ。買物帰りの私は袋の中にツナ缶があったのを思い出して、すぐ蓋を開け、「いい仔を生むんだよ」と、その母さん猫の鼻先に置いて帰りを急いだ。それから母さんには会わなかった。

だいぶ月日がたった頃、驚いたことにあの時の縞しっぽの母さん猫が小さな五匹の仔をひきつれて私の家の庭にやってきたのだ。白黒が一匹、三毛が一匹、あとは母さん猫と同じキジ白の猫。「お願いしますね」母さんは目で語りかけた。「いい仔を生んだね」母さんに言ってやると、庭に寝ころび、仔猫たちと遊びはじめるのだった。

月日が過ぎると、白黒は独立独歩、さっさと親離れし、リーダーとなって縄張りをこしらえはじめ、三毛は可愛らしい顔をしていたからか、近所の家でちゃっかり飼い猫になっていた。トントンと名づけた少し目つきの悪い仔は図体も態度も大きくて、誰よりも甘えん坊。母さんの後ばかりついて行くから追い払われて、いつの間にかいなくなり帰ってこなくなった。

結局、母さん似の姉弟（多分）が残ったので庭に段ボールの箱を置いてやった。二匹とも鼻から胸にかけて白い毛が綺麗に生えていたが雌の方は鼻の横に茶色いしみがあるのでシミ、雄はびっくりしたような顔をしているので、何となくピコと呼ぶようになった。

シミとピコは臆病で、ちょっとでも近寄ると逃げていく。それでも箱の横に餌を用意してやると、おっかなびっくり少しずつ食べるようになった。母さん猫から「お願いします」と頼まれたのはどうやらこの二匹のことらしい。なんとも頼りなげな姉弟なのである。そこが私の母性本能をくすぐってきた。

ある晩、台風が来るというので、屋根のある玄関のベンチの上に箱を乗せてやると、二匹で箱の中に蹲（うずくま）っている。そっと近づいてみたが、ピコは咄嗟に箱から飛び出し、大雨の中を大慌てで逃げていってしまった。残されたシミを見ると、「どうしよう、どうしよう」と鳴きながら怖さに震えている。私は箱の中のシミに「怖くないよ」と言いながら、少しずつ背中を撫で、首を撫で、喉を撫で、しまいにそっと抱きあげ、一晩中夜が明けるまで激しい風雨の音を聞きながらシミと一緒にいた。

その時から彼女は私を信頼してくれるようになり、ゴロゴロと喉を鳴らして走り寄ってくるようになった。

翌日戻ってきたピコも、シミにつられて懐くようになり、二匹揃って庭の木陰で眠ったりするようになったのだった。

それから何ヶ月もたってシミとピコに加えて弟と思われる白黒の仔猫がやってきた。年老いた母さん猫の最後の出産だったのかもしれず、シミやピコに比べると小さく弱々しい。その猫は少し前まで隣の空き家で兄さんたちと遊んでいたのに、ある朝私の家の門を入った通路の真ん中あたりで倒れたまま動かないのだ。栄養不足からかすっかり弱っている。その日からスーパーマンのように強くなれと、彼をパーマンと呼び、草のベッドに寝かせてやったり手作りの肉ボールを与えたりしたのだが、兄さんのピコの熱心な看病には勝てなかった。ピコは毎日毎日パーマンに寄り添いながら黙ってじっと見守っている。私は、そんなピコの手助けをちょっとしたにすぎない。

ピコと私の思いが通じたのか、やがてパーマンは、だんだん歩けるようになって木にも登れるようになった。それどころか隣町にガールフレンドまでできて、とても逞しく育っていったのである。

私の家族は縞しっぽの母さん猫が置いていってくれた三匹の猫たちがいた頃を〝シミ・ピコ・パーの時代〟と言う。三匹が集った庭、つつじの下のひんやり涼しい別荘、セミの収穫場所、水飲み場、ふかふかの落ち葉の布団、金木犀の香る化粧室。三匹と暮らした十八年もの長い年月は豊かさに満ち溢れていた。

美猫の恋猫

パーマンが隣町でハーフの美人の恋人ならぬ、美猫の恋猫といるのを見た時は驚いた。パーマンは家の庭に住んでいたノラ猫で、一緒に暮らしていたシミとピコとは父親違いの雄の末っ子である。彼は子供の頃に突然下半身麻痺（まひ）になり、闘病生活を経て独り立ちした強靭（きょうじん）な子だ。スーパーマン、パーマン、パーとだんだん呼び名が短くなったが、身体つきはそれほど大きくなく、後足をかばうために前足が太く頑丈になった以外は普通の猫と変わりのない、むしろ優しい雌猫のような顔立ちだった。

そんなパーが突然姿を消した時、車に轢（ひ）かれたのではないか、どこかで倒れているのではないかと探しまわったがみつからなかった。ある夜、息子が隣町で見掛けたというので注意していたがなかなか出会わない。それから長いことパーは帰ってこなかった。彼の兄さんたちのように縄張りを作ったのだろうと思っていたら夜中に突然戻ってきて、庭のつくばいに溜まった水を飲んでいる。「どうしたの？」と聞いてみたが私を一瞥して去っていってしまった。

パーは、まだ明るい午後の陽射しの中でアメリカンショートヘアのようなハーフの素敵な猫の傍にいた。息子の言うとおり、そこは隣町の一角だった。大柄なその雌猫は、上品で静かで気が良さそうでパー好みである。以前家にいたフワという猫もターキッシュアンゴラという種類の長毛の大きな白猫で、パーは庭から硝子越しにいつまでもじーっと見つめていたから、パーがその猫を好きになって当然のように思う。相手を選ぶ決定権は雌猫にあるそうだ。だとするとパーは大したものである。

その後二匹でいるのを幾度か見かけたが、いつも穏やかに寛いでいた。ひょっとすると彼女の方が少し年上だったのかもしれない。彼らと会うのはいつも通りすがりの道端であったから、どこかに住み処があって子孫がいたかもしれないが、彼らの事情

は計り知れない。

子供たちが成長して相手をみつけ、やがて手元から離れていくまでの間、あんな事やこんな事があり、自分の経験と重ね合わせ親を想う。繰り返していく年月。短くはあるが猫の生涯も同じである。パーの恋の季節はきっと充実していたのだろう。隣町との境の大通りを大急ぎで渡っていく彼の姿が目に焼きついている。

雷と共に去りぬ

家の庭にいたシミ・ピコ・パーの三姉弟のピコはシミ姉さんのすぐ下の弟で、優しかったが気の弱いところがあり主導権はシミが握っていた。それは縞しっぽの母さん猫が他の兄弟たちと一緒に連れて歩いている頃からで、いつもシミの後に隠れてコソコソと様子を窺(うかが)っていた。大体、シミもピコも他の兄弟たちに交われず、離れたところで二匹が寄り添って物陰から出たり入ったりしていた。塀やゴミ箱から、おそるおそるピコッと顔を出す姿がおかしいうえに、びっくりしたように見開かれた大きな二つの目が印象的でピコと呼ぶようになったのだが、臆病ながらもシミと共に私たちに少しずつ心を開くようになってきたのである。

そういうピコを見て、みんな勝手にシミの弟だと決めつけていたけれど、しっかり者の妹に全てを任せて面倒な事から逃げている兄さんだったのかもしれない。ピコは自分を、食料から子供の世話まで雌に任せ、胸を張っている百獣の王ライオンの雄なのだと思っていたのかもしれないが、とてもそんなふうには見えない。身体つきもぽてっと肥っているし、ヒャーンと間の抜けた声で鳴く姿は精悍という言葉からは程遠い。

それでもピコは父さん違いの弟パーが重病で動けなくなった時、弟の傍からひとときも離れずに守っていた。その辛抱強さには感心したし、ピコの本当の強さを見たような気がした。パーの前に外敵が来たら立ち向かっていっただろう。来る日も来る日もヤブランの茂みに横たわるパーの前に後ろに、右に左に坐り、眠り、香箱を作り、陽射しの中、小雨の中、風の吹く中で寄り添っていた。そしてパーが自力で歩けるようになった時、黙ってすっと離れていき、いつものようにシミと三匹で暮らしはじめたのである。

あれは夏のはじめだっただろうか。シミやパーがいたかどうか覚えていないが、ピコが庭にいたのだけは覚えている。人間にはシミが一番懐いていたが、ピコやパーはノラの習性が残っていて、人間の言動にはやや神経質なところがあり、シミよりは人間と距離があるように見えた。時々フルフルと喉を鳴らして近づいてきたり、ちょっと撫でさせてはくれるが、警戒心の強さが抜けていない気がした。猫は気まぐれだから仕方ないと思いつつ、もう少し親しくなりたいとも思っていた。

そんな矢先に事件はおきた。

庭にいたピコを呼ぶと愛想よくヒャーンと言いながら走り寄ってきた。グルグル喉も鳴らしている。足元に来て髭を丸め機嫌がいい。「いい子だね」「ヒャーン、グルル」「遊ぼうか、ちょっと待ってね」そういって私は家の中に入り、ちょっとした用事を済ませると再び庭にいるピコの所へ行くために玄関のドアを開けた。「ヒャーン」とピコは待っていてくれた。その時である、突然ドーン、ガラガラと強烈な雷鳴が轟いた。

一瞬ピコの大きな目が私の顔を凝視したかと思うと飛び上がり逃げていった。ピコの私への信頼が崩れた瞬間である。待ってピコ！　私は雷ではないのだよ。

ピコはそれ以来あまり家に来なくなった。外で見かけるピコは元気そうで安心したが、私に対して疑念を抱いたままのピコを想うと悲しくて仕様がないのである。

噛む猫メルモ

噛む猫がやってきた。

園芸店の広い敷地で逃げまわっていたノラの三毛猫だ。

草木のあるその場所に、いつものように遊びに来ていたのか、迷いこんだのかはわからないが、人が来ると逃げまわりビクビクしていた。植木の陰に隠れた猫を追い払っていた店主が「猫は困るんです、前の道路で車によく轢かれるし」というので、ここには置いておけないと思い、猫の油断を見計らってコートのポケットに入れて連れてきてしまった。

家に帰って早速餌を用意していると、痩せたノラの仔猫は私に向って飛びかかり、器をひっくり返して、散らばった固形のキャットフードを貪（むさぼ）った。

横顔が手塚治虫の描く「メルモちゃん」に似て愛くるしいので、そのまま名前にし

たが、名は体を表さず彼女は噛む猫だった。以前、猫の主治医に、何でも噛む癖のある猫というのがいると聞いていたので、間違いない。

メルモの遊び道具は、自分より大きいパンダのぬいぐるみの〝岡本さん〟。いつもにこやかな〝岡本さん〟の頭を咥えて振りまわす。それから窓辺の観葉植物。アジアンタムもスパティフィラムも噛みちぎる。毛布もパジャマも引っ掻いて噛む。はじめは仔猫ならあたりまえの遊びだと思っていた。歯が痒いのか、痛いのかとも思った。不機嫌なのか、怖いのか、それとも構ってほしいのかなどとも思った。やがて私たち家族にもタックルして手足を噛む。洋服を噛む。噛んで噛んで噛む。メルモは噛む。

これには猫同士の健全な触れあいが足りないままに育った事や、しつけが甘い事など沢山の理由があるらしい。反省すべき点に気づいた時は既に遅かった。メルモは噛む。鋭い牙を剥いて向かってくる。

今までこんな猫はいなかった。ノラ猫は何度も家に来たし、みんな同じように接してきたつもりだが、こんなに噛みはしなかった。

メルモはきっと、ポケットに入れて連れてきた私に「甘えたかった母親や、遊びたかった兄弟とノラの生活を全うしたかったの」と訴えているのだ。時々、黄昏た空を眺めているメルモを見ると、彼女の生い立ちに対する想いでいっぱいになる。

ガチャ三毛メルモ

「まあ、きれいな猫ちゃん！」「どこが⁉」。確かにメルモの毛は艶がある。そこそこの大きさのグリーンがかった黄色の目も宝石のようだ。手足が長くて尻尾も長い。けれど私はガチャ三毛メルモと言っている。こういうのをキジ三毛というのか縞三毛というのかわからないが、模様はバラバラ、白い鼻の横には誤って茶色い絵の具のついた筆を落としてしまったような跡もある。三毛は三毛でも、とにかくごちゃまぜの滅茶苦茶な猫なのだ。

しかも訳がわからない。鳴いていたかと思うと急に黙りこくり、一日中口をきかない。一日どころか一週間も無口になって、ごはんの時に「食べたいんだけど」とだけ言って、無愛想な顔で餌場の隅に坐っている。そうかと思うと今度は饒舌(じょうぜつ)になって「遊ばない？」「いい気分ね」「ねえ、どこ行くの？」「ほら、こっちだってば」とせわしない。

二階にある箱の中からおもちゃを咥えてきては、階段を幾度も上り下りする。その様子はまるで犬のようだ。昼寝も忘れているものだから、しまいに疲れてだらしのない恰好（かっこう）で床に転がってハアハアしている。

そういえばサッカーが好きだ。人間と一緒にテレビ観戦をして選手がゴールを決めると「ワーオ、キャーオ」と家中走り廻り興奮する。もっとも人間が騒ぐからだが、いかにも楽しそうで、その場の雰囲気に酔っている。ティッシュを丸めて投げてやると一目散に追いかけ、転がしながら運んでくる。時には噛ってぼろぼろにするので「イエローカード！」と叫ぶと、びっくりして試合中断。

ある日ブラッシングをした後の彼女の抜け毛で小さなボールをこしらえたら、それを使ってサッカーの練習をはじめた。ところが勢いあまって食卓の上に飛ばしてしまい「汚いなあ」と皆に叱られしょげていた。

こんなふうだから「きれいな猫」のイメージとはちょっと掛け離れているように

思ってしまう。けれどせっかく「きれい」と言ってくださるのだから、そう思うことにしよう。それにメルモは世界中の猫の中から私の元にやってきた大切な、大切な猫なのだから。

ああ、ガチャ三毛のメルモ。

きれいな、きれいな猫ちゃん。

メルモと人語

動物は人間と長く接触しているうちに、声の強弱や態度から、言葉の意味を感じとるようになるのだと思う。十三才になったメルモも沢山の人語を解するようになった。「ごはん」「水」「蝶々」「鳥」「テレビ」など自分が関心のあるものから覚え、知っているものを数えると沢山あって、さすが十三才のシニアだ。

猫なのに犬のようなメルモは、「お散歩に行こうか」と言うと玄関のまわりをウロウロしはじめる。でも猫だからリードのかわりに、ぬいぐるみのネズミをみつけて咥えてくる。「それは二階に持っていって」と言うと、「ムマーオ、ムマーオ」と口いっぱいにネズミを咥えたままで鳴きながら階段をスタコラサッサと上っていく。散歩に行くという言葉も、二階に持っていくという言葉も理解しているのだ。

彼女は人の気をひくためにソファーに爪を立てたり飾り物にちょっかいを出す。

「こら!」と叱ると、すばやく逃げて挑発するように同じ事を何度も繰り返す。「悪い子! 駄目!」私も同じ言葉を繰り返す。

私と遊ぼうと誘っているのだと思っていたが、もしかするとこういう行動は彼女の学習なのかもしれない。

ある時、私が水の入ったコップをうっかり床に落としてしまったら、メルモが一目散に走り寄ってきた。そして「ウーギャオ!(駄目でしょ!)」と怒って、割れたガラスを拾っている私のお尻を手で叩き、踵に噛みついた。私は決して叩いたり噛んだりしないのに……と思いながらも「ごめんなさい」と謝った。それでもメルモは容赦なく怒り、「ウーギャオ! ギャギャ(駄目でしょ! 悪い子)」と声を張りあげるのだった。「ごめんなさい」は知らないらしい。

またある時、肩凝りがひどいので家の者に押してもらっていた私が、あまりの痛さに「痛い、いたたた……」と悲鳴をあげると、早速メルモが登場。「ンギャラギャラ、ウー！　フー！（何をするの、やめなさい！　痛いって言っているじゃないの！）」と私を庇って家の者の手に襲いかかったのだ。賢い彼女は叱る事の意味も言葉も習得していたに違いない。

これだけを取りあげると、ただ気性が激しいだけの困った猫に思えるかもしれないが、メルモは優しい子だ。数年前、私が母の介護の疲れで涙を流していたら、夕闇の中で私の傍を離れずにいてくれた。「ムウ？（どうしたの？）」と不思議そうにのぞきこむ幼い彼女を見て、ますます悲しくなったのを思い出す――。

シミデレラ様

三毛猫メルモがまだ子供の頃、シミという年寄りの猫がいた。

彼女はメルモと同じノラ猫だったから、弟のピコやパーと一緒に外で長い年月を自由気儘(きまま)に暮していた。

年寄りになったシミが私の母と同じ要介護の状態になった時、ピコは既にいなくなり、パーだけが時々家の庭に来るという日が続いていた。

庭の隅に置いてあった椅子の上で、シミが今にも死にそうな様子で震えていたのは冬の特別に寒い日だった。私が慌ててシミを毛布にくるみ病院に連れていくと、どこで何を食べたのか食あたりらしく、下手をすると死んでいたかもしれないと言われ、注射と薬と暖かい場所の三点セットで何とか回復した。

別棟に住む母のところに空室があったので、とりあえずシミを入れる事にしたのだが、そこが生涯シミの病室になったのである。

彼女の病室は十畳もある、冷暖房完備の電気カーペット付きの部屋で、朝になると東の窓から陽が射し込み、鳥のさえずりが聞こえてくる。一見よさそうな環境ではあるが、外を飛びまわっていた彼女にとってどうだったのだろう。

けれど毎日運ばれるごはんや水、きれいなトイレに暖かな陽射

しとマット、時々訪れる人間たちとの戯れの時間などに満足しているようにみえた。シミの身体はすっかり痩せ細り、歯も全部抜け落ち相当弱っていたので、外敵のいない静かな落ち着いた場所は、晩年の彼女には心地よく、最後の縄張りになったのかもしれなかった。

私たち家族はシミの境遇について語り、いつしかシ、、シミデ、、、レラ様と呼んで彼女の病室を出入りするようになった。「シミデレラ様、ご機嫌はいかがでしょう」「シミデレラ様、お食事でございます」などと言いながら、シンデレラ姫とシミを重ね合せるのだった。「シミの弟たちは優しかったけれどね」などと言いながら。

その頃の私は、母の介護を済ませてシミのところへ行き、別棟の家族の元へ走り、朝昼晩と何往復もしながら毎日を過ごしていた。

へとへとになる度に母と家族、そして一点の翳りもないシミの存在と、幼いメルモの愛らしさに支えられている事に気づき、元気をとり戻すのだった。

シミちゃんお母さん

老猫シミは本当に性格が良かった。天真爛漫（らんまん）な女の子だった頃の彼女は「シミちゃーん」と呼ぶと、「なあにいー」と走ってきて目を細め笑顔をみせる。

春に木のてっぺんで烏の軍団に囲まれ「助けてー」と大声で叫び、夏には庭のつくばいの水を飲んで顎をびちゃびちゃにしたまま寝ころぶ。秋になると風に舞う枯れ葉を追いかけ、冬は段ボールの箱の中で弟のパーを敷布団、ピコを掛け布団のかわりにしてスースー寝息をたてていた。

クリスマスが近づいた頃、私が玄関のドアにリースを飾りつけていると、脚立の下で作業の一部始終を見とどけ「おもしろかった!!」と髭（ひげ）を丸くして私に飛びついてきたこともある。

縞しっぽの母さん猫の躾（しつけ）がよかったとみえ、シミは年齢を重ねると地域の仔猫たちの面倒を実によくみるようになった。

私の家の近くの路地に猫たちの集会所があって、夕方から夜になると何処からともなく顔見知りの猫たちがやってくる。木の陰やら塀の上にじっと動かぬまま、あるいは道を横切り、小走りに車の下に潜り、仲間を確認しあっている。その集会所でシミは、生まれて数ヶ月の仔猫たちがちょこちょこするのを用心深く見守っていたのだ。

彼女自身は避妊手術を受けていて自分の子供をもつ事はなかったが、ご近所のお子さんの相手という役割をきちんと果たしていたようだ。路地に車が入りこんでくると早速、仔猫たちに注意を促し、喧嘩になれば仲裁し、舐めてやる。そういう時のシミは、しっかりしたおとなの風情を漂わせていた。素晴らしいお母さん猫の見本である。

そんなシミが老い、大病で衰弱した。回復を願って自宅の一室を与えたのだが、少しでも元気をとりもどすようにと思い、私はチビ猫メルモをそこに連れていった。きっとシミは昔を思い出し「おや、かわいい」と言うに決っている。そしてそのとおり、シミはメルモを大歓迎して、昔のようにお母さん猫の優しい目つきで、メルモの身体を撫でるように擦り寄っていった。

ところがメルモには敵陣に放り込まれたとしか思えなかったらしく部屋中逃げ廻りゼイゼイしてしまったのだ。私が「シミちゃんお母さんよ」といくら言ってきかせても駄目だった。シミはがっかりしただろうし、メルモはとても怖かったに違いない。私の考えが甘かったと思い知らされた一件である。

シミの獲物

夏の夕暮れ、縞しっぽの母さん猫がシミを含めて五匹の子供たちにセミの捕り方を教えていた。電柱の下で灯を求めて集まるセミを皆で見上げている様子は、夏祭りの夜店の親子連れを思わせ、ほほえましい光景だった。

飛びまわるセミの油断を待って、母さん猫は手を伸ばしてジャンプする。母さんが上手く仕留めると五匹は先を争って群がり、すばやい子が咥えていってバリバリ噛りはじめる。母さんは何度もジャンプして捕獲方法を指導していた。仔猫たちは多分ほかの虫や鳥、ネズミなども運んでもらい、その捕り方を覚えはじめていたのだろう。母親から教育を受けて、やがて彼らは独立していった。

シミは狩りが上手だった。虫も鳥もネズミも捕ってきた。お腹がいっぱいの時は獲

物をおもちゃにして遊んでいるか、人の前に置いて得意気に「持ってきてあげたからね」と母さんの真似をする。

呆れたことに、どこでみつけたのか真新しいスルメを運んできたことがある。猫にイカは禁物というから取り上げると、シミは風のように走り去っていった。そして又ひとつ口にして、すぐに戻ってきた。それも隠してしまうと、なんと三つ目を引きずってきたのだ。「まだあったよー」と目を輝かせている。三枚のスルメを手にした私は、「スルメが消えた」とどこかで誰かが探していないかと気が気ではなかった。でも「スルメあります」と貼り紙をするのも変なので暫く保管しておいた。

それからシミは捕獲にどれだけの労力を費やしただろうか。やがて年老いた彼女は牙も歯も無くし、もはや狩りは無理だろうと思われた。けれどシミの捕獲能力は健在だった。満開の梅に誘われて枝に止まったウグイスを見事に捕らえたのである。

私の母がウグイスの訪問を喜んでいたので、私は慌てて庭に飛び出しシミの所へ向かった。するとウグイスが歯のないシミの口から、するりとこぼれ落ちたのだ。ウグイスはショックで失神、シミは呆然。私は動揺して掌に小さな鳥を乗せた。数十秒後、我にかえった美しい声の鳥は、母の笑顔をのせて空の彼方に飛んでいった。

その後、シミが捕ってきたものはない。ただ、夏になるとセミの幼虫が上から這い出すのを待っているばかりだった。庭の木々の間の暗がりにいつまでも坐っているシミの姿は、どこか寂し気に見えた。

シミとミミ

シミが死んだのは平成十九年十一月十八日、十八歳だった。同年の八月に私の母も亡くなったのでよく覚えている。仔猫の時から面倒をみたシミが死んだ時、私は声をあげて泣いた。母には申し訳ないが母の時以上に悲しかった。介護が同時進行していた母とシミには一所懸命尽くしたつもりだったが、やはり人間優先になったし、なによりも黙ってじっと耐えていたシミを思うとたまらなかった。

母が亡くなり、忙しくしている私が少し落ち着く時期を見計ったように「もういいでしょ」というように、ひととき私に抱かれ静かに息をひきとったのだった。

母の入院中に一人になった私の傍に来て、ベッドで一緒に寝てくれたシミ。遊んでもらいたいのに母の所へ急ぐ私を遠くから見ていたシミ。体調が悪くてとても心細かったろうに……。

けれど猫の十八年というのは、長生きの方だと聞き、彼女の一生を振り返ってみると、これでよかったのだと少しずつ思えるようになった。

シミと同じ歳で死んだ雌猫のミミは、シミが来る前から家にいた白猫で、彼女も赤ん坊の頃から家族の一員となっていた。ミミが来た時は犬や兎(うさぎ)などが家の内外で暮していたので、ミミは彼らにおとなしく従っていた。けれど年を経て犬も兎もいなくなると、どこもかしこも白猫ミミの場所になった。そこへシミとシミの弟たちがやってきて庭に住みはじめたものだから、ミミは面白くなかったようで極力彼らと関らないようにしていた。

でも子供のシミはミミが庭に出ていくと甘えるような仕草をしたり、一緒に遊ぼうと声をかけたりする。ミミはその度に不愉快そうに、鬱陶しそうにしている。そして最後に「いい加減にしてちょうだい！」と鼻に皺をよせて一喝するのだ。かわいそうにシミは何ともいえない落胆の表情を浮かべて立ち去っていくのだった。

シミとミミとの関係はずっと変らずにいたが、ミミが死んだ日、ミミの骨壺を置いた窓辺にシミが坐り、月明りの中いつまでも動かずにミミを弔っていた。ミミは天上からシミを眺め、やっとシミを受け入れたに違いない。

リア王は国宝

雨の日の朝、家の庭の片隅に猫が坐っていた。長毛の白猫だと思われるが、びしょ濡れで全身は汚れて灰色になり見る影もない。人の気配を感じると遠くに身を潜め、やがていなくなったが、何日かして又やってきた。隣の家の庭でみかけた事もある。「あれは誰？」「どこから来たんだろう」と、家族の間で話題になり、汚れてはいるものの風格があるということで「リア王」と命名した。

ある日、開け放していた台所の入口から家の中へ上ってきた。最初は怖がっていたが、庭も家の中も続きのように思っていたのか、二階の娘の部屋に入って以来「リア王」は、そのまま居ついてしまった。家の中に入ってきた時あまりにも汚いので、とにかく洗ってやろうという事になり、娘と二人で嫌がるリア王を捕まえて押さえ込み、シャンプーをして、こんがらがった毛を櫛で梳きドライヤーをかけたのだが、その過程は大変なものだった。洗っても洗っても泥水は限りなく続き、櫛を入れるとノミが何十匹といる。それを隈なく取り除き、長い毛の根元から先まで丁寧に梳かしながら乾かしていった。私たちの根気もさることながら、リア王の我慢強さにも敬服した。時々力いっぱい飛び上がったり、身を捩(よじ)ったりしたが、噛みつくような事はせずに耐えていた。

その甲斐があって、真白なフワフワの毛のキング・リアが登場。しかしリアは雌であった。それでリアはフワと改名され、先住の猫ミミの妹分になったのである。

ミミより年は下でも、その風体はミミよりも貫禄があった。

フワは終生、二階の娘の部屋を居場所にして殆ど階下には下りてこなかったが、ある日、台所で母が料理をしている匂いを嗅ぎつけて下りてきた。そして母の目を盗み、テーブルの上に置かれた魚の煮物を食べようとしたらしい。いや、食べかけたのだと思う。大急ぎで二階に上っていくフワの姿を母は見た。その後、母は大笑いをして言ったのである。「お魚は無事だったけど、生姜が床に落ちていたわ」

慌てていたため盗み食いに失敗して生姜を食べてしまったらしいフワは、ますます階下には下りてこようとしなかった。

生姜のエピソードのように、フワはその姿に似つかわしくない、おっちょこちょいな行動が目についたが、家で飼った猫の中では一番上等な猫のようだ。調べたところ、種類はターキッシュアンゴラだそうで、原産国トルコでは国宝と言われたらしい。又、マリー・アントワネットやルイ十六世の愛猫でもあったそうである。毛質や声、性格、左右の目の色が異なるオッドアイなどの特徴が調べれば調べるほどぴったりで、びっくりしてしまった。フワなどという安易な名前をつけずマリーにすればよかった。でも家の猫たちのミミだのシミだのピコだのの名前を考えると、フワでいいのかもしれない。

家の猫たちの名前は本当に簡単というか、行き当たりばったりというか、深い考えもなくつけられて気の毒だ。フワも雄ならばリア王のままリアと呼ばれていたものの、雌とわかり長毛で、ふわふわしていたというだけでフワと命名されてしまった。では、リア王のリア、マリー・アントワネットのマリーだったら家の猫たちの中で別格に扱われていただろうか。そんな事はない。猫たちはみんな平等。ノラ猫だろうが国宝だろうが、家の猫は家の猫なのである。

ふわふわのフワはふわふわした毛並みのまま、家の猫たちの中で一番長寿、病気もせず二十年の生涯を全うしたのである。

King Lear

ミミズク忍者

私の家の飼い猫は大体ノラと決まっていて、ブリーダーとやらに関わって連れてこられたのは雌猫のクローバー一匹だけである。猫は飼っても買うものではないと常日頃思っていたので娘から買ってきた猫と聞いて、その行為にも金額にも驚いた。娘に何故かと聞くと、訪れたブリーダーの所に何ともいえない可愛いのがいて見た途端に「私のところに来ると決まっていたような、運命ともいえる猫だった」と言う。

種類はスコティッシュフォールドで、生まれて三ヶ月ほどの仔猫だ。よく写真で見る白と茶の猫とは違って錆色をしている。目のあたりにオレンジ色の飾りがあり、口元はベージュ、短い尻尾の先はグレーに染まっている。耳は小さな折れ耳、鼻ときたら無いに等しいほど小さくて低い。ところが目だけはきょろんと大きくて金色に輝いている。全体に丸っこくて短い手足や尻尾を取ると、フクロウやミミズクみたいだ。

——可愛い。見つめられるとたまらない。けれど私はやっぱり耳の立っている狐や狸のような猫が好きだ。よく見ると狸に見えなくもないが馴染めない。最近人気の、コツメカワウソにもそっくりで笑ってしまうが、クローバーは紛れもなく猫だ。猫だから、日常生活では今まで暮らした猫たちと何も変わらない。賢く、辛抱強く、おとなしく、お茶日なところもあり、よく遊び、よく眠る。血統書付きだからか、ブリーダーの躾ゆえか世話のいらない猫ではある。

クローバーは一日中たったひとりきりでいても平気である。ごはんと水と寝床さえあれば文句をいうこともなく淡々としている。娘が外出先から戻ってきて撫でてやると喉を鳴らして擦り寄り、ベッドの上にころんと転がり、甘えたり、じゃれたり走ったりして満足気に壁に寄りかかり、人間のように足を投げだして坐り、ほっと一息つく。娘を心底信じている様子が伝わってくる。

ある晩、私が娘の部屋に行くと、いる筈のクローバーがいない。慌てて娘を呼ぶと「いるじゃない」と言う。床の色と一体化して寝ていた。

「いない！」「いるじゃない」茶色いネコタワーの上に乗っている。「いない！」「いるじゃない」木製の大きな机の隅で丸くなっている。「いない」「いた」「いない」「いた」を繰り返す。目の悪くなってきた私のせいばかりではなく、周囲の物に紛れ込んで忍者のように潜んでいるのだ。クローバーはやっぱり夜の森に棲むミミズクかフクロウが猫になってやってきたようだ。物怖じをしない個性的なこの猫が、娘との運命的な出会いだったというのが少しわかるような気がする。

II

人と猫との間に

ベテラン猫の教え

「お母様方、猫ちゃんのお母さんを見習っていただきたいと思います。猫ちゃんのお母さんは仔猫たちを、とても上手に導いていきます」

子供たちの幼稚園の保護者会で先生が仰った。先生は猫好きでいらして、幼稚園の広い庭には猫たちが常にいた。園の内外には自然の空気が流れていて子供たちも猫たちも伸びやかに過ごしていた。

先生がお話を続ける。

「猫のお母さんは仔猫をいつも気にかけていますが、手出し口出しをいたしません。動物は身に危険が及びそうになると本能で子供を庇います。子供たちはそういった経験を幾度も積み重ね、色々と覚えていくのです。猫ちゃんのお母さんを見ていると、実によく子供の面倒をみて遊んでやるのです。そういうお母さんがいるので仔猫

たちは安心してお母さんの傍でゆっくりと休むことができるのです。ですからお母様方もお子様を静かに見守ってください。お子様が安心して生き生きと暮らせるように。決して口うるさく言わず、余裕のある心持ちで接してください」

先生のお話を聞きながら、若い母親たちは苦笑いしていた。日々の忙しさの中、みんな子供たちを急き立てたり声を荒げたりする経験をもっていたに違いない。

人間の危なっかしい子育てを、ベテランの母親猫に教わるように、との先生のお話は忘れられない。

ある日、古い手紙の整理をしていたら、先生からいただいた子供たち宛てのハガキをみつけた。〝また幼稚園に遊びにいらしてくださいね〟という文字の横に、先生のお描きになった愛らしい仔猫が母猫と戯れている絵があり、まだ猫はいるのだと安心したのを思い出した。

四十年を経た今、幼稚園の跡地には新築の家が立ち並んでいる。新しい環境の中で母猫が仔猫の遊び場を手に入れたかどうか心配になる。

猫好きは、おそらく私と同じような気持ちでいるのではないだろうか。

ひとりぼっちの仔猫

今までに仔猫を飼ったのは何匹になるだろうか。まだ乳離れをしていない赤ちゃん猫から、人間でいえば小学校高学年まで雄も雌も種々雑多な猫が家にやってきた。たまに成猫が我が家を訪れ、一緒に暮らす羽目になったこともあるが、大抵は小さな仔猫との出会いの末に家に入れてやり、そのまま家族同然になっていった。

仔猫たちは殆ど一匹で、突然我が家の庭にいたり、目があってしまった途端にひょこひょこと私の後をついてきてしまったりで、自然と居ついてしまう。道端でピーピー鳴き叫びながら途方に暮れている猫や、叢(くさむら)で戯れている猫を抱きあげて連れてきてしまったこともある。猫たちは捨てられたのだろうか、それとも迷子になってしまったのだろうか。それとも母猫から親離れを強いられ彷徨(さまよ)っていたのだろうか。迷子の仔猫ちゃんは名前を聞いてもお家を聞いてもわからない。私は犬のお巡りさんではないけれど困ってしまって保護をする。と、これは勿論言い訳で、猫とみればいつでも一緒にいたいと思うだけだ。

いま思えば可哀想な事をしたものだが、子供の頃に、親猫と一緒にいた二匹の仔猫のうちの一匹を、開け放した窓から侵入した直後咄嗟に窓を閉めて捕らえた。ノラ猫だったから、ものすごい勢いで部屋中を逃げ廻った末、疲れ果てて餌につられて飼い猫になった。そして、あんな酷い目にあわせたというのに、いつの間にか私の膝の上で髭を丸くして寝息をたてるまでになった。

ある日デパートで私の心臓は壊れそうになった。さっきまで一緒にいた息子がいない。幼い息子と娘を連れて買物をしていたのだが、レジの所で品物に気をとられているうちにいなくなってしまったのだ。店員に迷子の放送を頼み娘の手をひいてあちこち探し廻り、やっと息子がみつかった。親の心配をよそに彼はニコニコしている。

ちょっと冒険をしたんだとでも言うように。

もしかしたら拾った仔猫の母親も、こういうふうに必死に探していたのかもしれない。そう思うと、今さらながら私の心はずきずきと痛むのである。

遊べ遊べ

家に猫を遊ばせるための専用小物入れがある。中にはカラスやハトの羽、ネズミやキノコのぬいぐるみ、猫の毛を集めて作った大小の毛玉ボールと天井まで弾むスーパーボール、少量のホウキグサと枯れたネコジャラシ、まだまだ数を数えるときりがない。

猫はとにかく動く物が好きだから、私はボールを転がし、弾ませ、ぬいぐるみを動かし、部屋の隅々に隠し、鳥の羽を上下左右に揺らしたりして遊びに誘う。遊んでやる暇のない時は何か部屋に置いておくと勝手にじゃれたり、口に咥えて鳴いたりしているが、つまらなくなると相手をしてくれとせがむ。そんな時は段ボールや紙袋を置いてやると、中に入ってカサコソ音をたて、しばらくは気を紛らわせている。けれど毎日そんな事が続くと飽きるらしく、何か違った物で違った遊びがしたくなるのか、

My favorite

いつものお遊びグッズに見むきもしなくなる。ただネコジャラシとはよく言ったもので、ネコジャラシだけは見ただけで目の色を変えて飛んでくる。

飼い猫の遊びとはせいぜいこのようなもので、あとは高い所に登ったり、狭い所に入り込んだりして好奇心を満たしていたりするくらいである。

考えてみれば、私の子供たちも少し大きくなるまでは猫と同じようだった。おもちゃ箱の中の物でどれだけ遊んだことか。木に登り、わざわざ通りにくい道を選び、洋服のあちこちに泥や草の実をつけてきたりしていた。そして成長とともに彼らの遊びは観てきた映画の再現という形になり、しばらく私を悩ませ呆れさせた。

「メアリー・ポピンズ」のように傘を開いてパーゴラの上から飛び下りようとしたり、「ポセイドン・アドベンチャー」の船室だとばかりに家の中にホースを引き込み水浸しにしたりで、映画を観る度に又なにかやらかすのではないかとハラハラしていた。まるでいたずら猫を追いかけるようだった。それでも私は半分喜んでいた。

「やりなさい、どんどんやりなさい、遊びなさい、もっともっと」

子供や猫の罪のない無邪気な遊びほど楽しいものはない。思う存分遊んだ後の彼らの寝顔はいつでも天使のようであった。

縄張り

「そんな事ばかりするなら本にして読んじゃうからね！」娘が大変な剣幕で叫んだ。自分が一所懸命に絵を描いているのに、遊びに誘いたい息子が、妹の机の上にぬいぐるみを乗せてみたり、坐っている椅子を動かし、その下に潜り込んだりして、気を引こうとしていたのだ。今は一緒に遊べないと断っているのに、いつまでも諦めずに実力行使してくる敵を完全無視していた娘だったが、ついに怒り心頭に発したとみえる。うるさい相手を本に変えて手中に収め、読むのは自分なのだという幼い彼女の自己主張である。彼らの傍で一部始終を見ていた私は、その発想に大笑いして止まらなくなった。あまり笑うので子供たちも笑い出し、やがて二人は一緒に遊びはじめたのだった。

ピコという雄猫がいて、家の庭を拠点に行動していた。彼の縄張りは実際どこからどこまであったのか知らないが、かなり広範囲のように思われた。そこかしこで彼の姿を見かけたが、私と会ってもそ知らぬ顔で通り過ぎていく。いつもは丸っこい顔でフルフルと喉を鳴らして目を細めているくせに一丁前の男の顔だ。

猫は自分の縄張りの中で自分の時間を自由気儘に生きている。けれど他の猫の縄張りだけは侵さないようにしているようだ。自分の場所が安泰ならばいいのである。ところがうっかり縄張りに侵入してしまったり、されてしまう事がある。そういう時の猫同士は目を合わさず、相手を刺激せずにそっと擦り抜けていくのだが、そうもいかない時がある。

ピコと茶トラの雄猫チャさんとのうっかりは頻繁だった。なぜなら彼らの縄張りの境界線が我が家の裏庭の塀の上で、始終そこで出会ってしまうのである。塀の端と端でうっかり目が合ってしまったが最後、二匹とも同時進行して真中あたりで互いに唸(うな)

りはじめ大玉ころがしの玉のようになって下に落ち、左右に散っていくのだ。男として譲れないらしい。

うっかりではなく無理矢理に、しかも年下の女の子の縄張りに侵入した息子は本にされて当然である。

雨の日に

雨が降り続くたびに、あの子はどうしているだろうかと思う。最近知りあいになった初老の雄猫だが、彼には面倒見のいい、これも初老の人間の御婦人が寄り添っている。ノラ猫を見ると放っておけないタイプに見えるその人は、人通りの少なくなった夜の遊歩道を自転車に乗ってやってくる。籠の中には餌だの水だのが入っていて、時間を決めて運んでやっているようだ。猫はそれをわかっていて、いつも駐車場の隅の同じ場所に坐って待っている。

彼は彼女の、彼女は彼の姿を確認すると互いに安心するのだろう。毎日、毎日。

小雨の降る中、彼はいつものように待っていた。彼女は来るだろうかと私は思う。そして翌日、ふやけた餌のかけらをみつけほっとする。彼女は彼のために雨宿り用に防水された古いキャリーバッグの寝床も設置してやり、冬場はその中に暖かそうな毛

布の切れ端まで入れてやっている。周囲の厳しい目もあるだろうが、なんとも幸せな猫なのである。けれどみんなこういうふうにいくとは限らない。すれ違ったノラ猫たちは、びしょびしょに濡れてガリガリに痩せ、ノミだのダニだのに悩みながら風雪に耐え、ボロボロになっていた。そういえば雨降りの中、大きなキジ鳩をがぶりと咥えて小走りに道を横ぎっていった鋭い目つきの雌猫も見たことがある。

それにひきかえ今一緒に暮らしているメルモとクローバーはどうだろう。お猫様々、雨の日はどうしてこんなに退屈なのだろうとばかりに柔らかな枕の上でお腹を丸出しにして鼾をかき、床の上で転がり、やがて備えつけの餌をパリポリ噛り水で喉を潤す。あとはのんびり顔中口だらけにして欠伸をしている。そして窓ガラスにぶつかる雨粒の行方を追いながらちょっかいを出しては遊びを楽しんでいるのだ。

これでいいのだろうか。

かつて幼い娘が言った。「あのね、シマウマさんがかわいそうで、ライオンさんもかわいそうで、どうしたらいいの？」野生の母ライオンが、お腹をすかせた子供たちのためにシマウマを襲う過酷な映像を見て目にいっぱい涙をうかべている。やがて彼女は声をあげて泣きはじめたのだ。娘が愛しかった。

猫たちから教わる不条理を思う時、娘のこの一件が頭に浮かぶ。

病気の猫神様

病気の子供や猫を見ているのは辛い。普段あちこち元気よく動いて、おやつをねだりに来たりするるのに、口数も少なく食欲もなく、ぐったりしていると部屋の空気が一変する。病気をしたことのない幼児や仔猫は何もわかっていない分、病院に連れていくのも薬をやるのも、楽といえば楽だが、何もわからないだけに、あの注射の痛さや薬を飲ませられた時の不愉快さは当人にしかわからないものがあると思うと可哀想になる。それが経験を重ねると彼らは自分の状況がわかってくるので困った事になる。病院行きを嫌がり、注射や薬には抵抗する。

猫たちはキャリーバッグの中に入れられると察知するやいなや物陰に隠れてしまうので、家を出るまでに一苦労する。やっと捕まえて病院まで連れていき、診察台に乗せるのだが、ここからは猫の性格によって違ってくる。

大声で鳴きわめき、唸り、両手足を突っ張り、ここまで太くなるかと思うほど尻尾の毛を逆立て、全身全霊で暴れまくる不動明王猫。

キャリーバッグから出されると途端に大人しくなり、診察台に汗で濡れた、梅の花のような形の四つの足跡をしっかりと残しながら、されるがままに身を委ねて先生方に喜ばれる虚空蔵菩薩(ぼさつ)猫。

診察の合間に隣の部屋の物音に耳をそばだて、レントゲンのモニターをチラチラと上目づかいに見たり、点滴の準備をする先生の一挙一動に反応する千手観音猫。

などなど、動物病院の診祭室は猫神様のオンパレードである。

家のメルモも年をとって猫特有の腎臓病の診断が下り、食事も特別食に切り替わった。今の猫は人間並みで、何種類もの療法食があるので、そこから選べばいいと言われた。試食品を与えると、彼女は味が変わったとばかりにどれにも大変な食欲を示し一安心したが、これからは彼女と一緒に病気と連れ添うことになるだろう。
　今も時々具合が悪くなるのか、じっとうずくまっている。
　その姿はまるで修行中の猫神様のように見える。

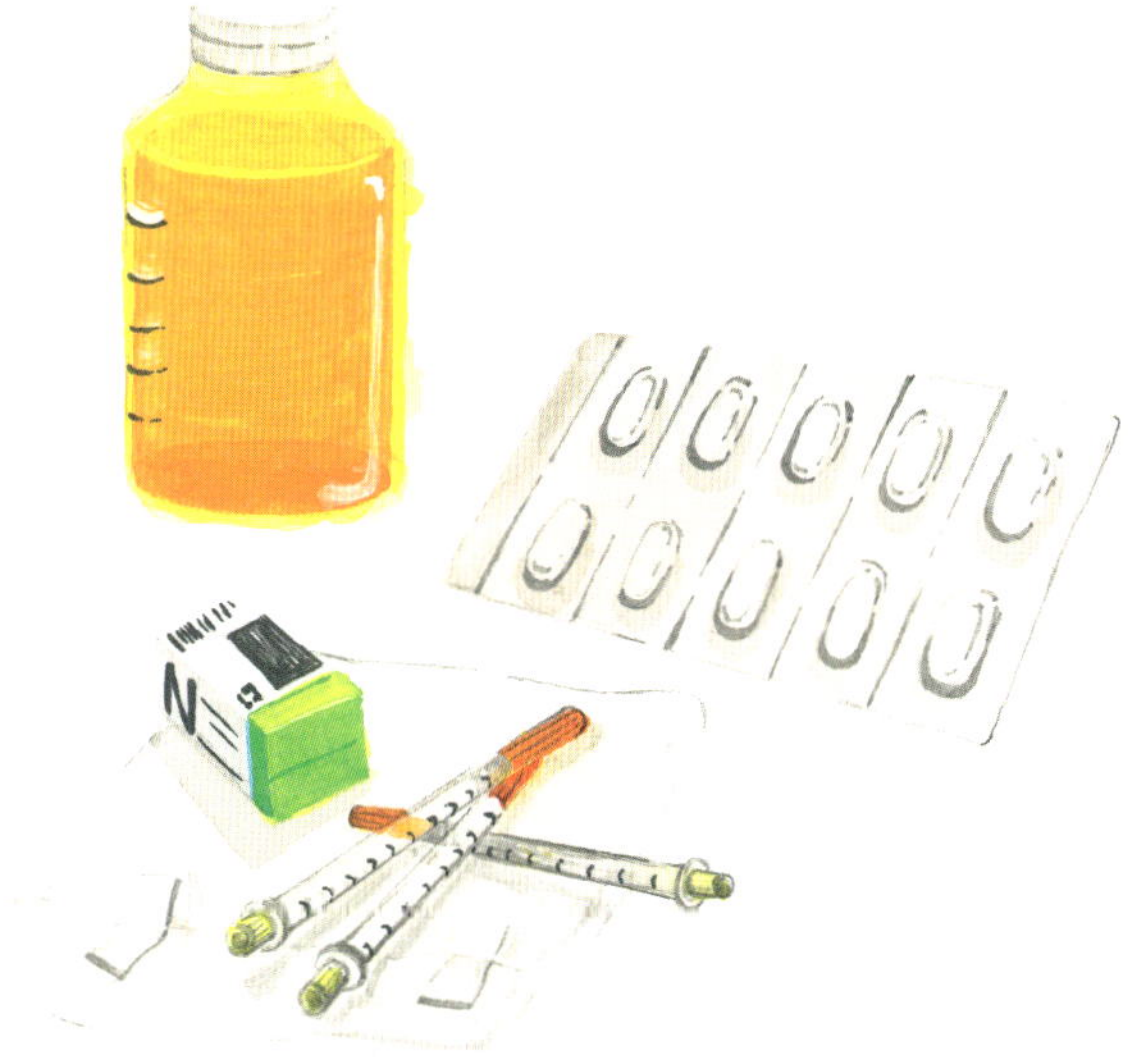

過食厳禁

十四才を前にメルモの腎臓機能が低下し、餌が切り替わってから食欲旺盛になり、私が台所に立つと「ゴハン、ゴハン」とうるさい。甲状腺の具合が悪いのではないかといわれたが、特に痩せもせず、むしろ前より元気になったように思う。食餌療法のおかげなのか、よく吐いていたのに回数も減った。

けれどこの猫の腹時計は正確で、六時間おきの朝、昼、晩の食事の後で四時間後の夜食を少々と決まっていて、時間と餌の量が一寸でも変わると体調を崩す。だから「ゴハン、ゴハン」と寄ってきても安易に応ずれば気持ち悪そうな体勢をとりはじめ、ケッケッケッと苦しそうに吐く体勢をとるので油断ができないのだ。

昔から猫の餌は適当にお皿に入れておくと猫たちも適当に食べ、残るとちょっと補充してやっておけばよかった。そして今日はよく食べたとか、少し食欲がないとかで済んでいた。けれどメルモは違う。子供の頃から胃弱だと言われていたが、何かと気をつかう猫だ。

先代のミミはグルメ猫で、普段の餌の他に、鮪（まぐろ）や鰹（かつお）や鯛（たい）のお刺身や、鮎（あゆ）の塩焼き、納豆と焼海苔、アボカドやシュークリームなどが好物だった。猫の餌の他に色々食べさせてはいけないそうだし、アボカドは最悪と言われたがミミは十八年生きた。そういう物を食べさせなければもっと生きたかもしれないが、一緒のテーブルでおいしい物を分けあって食べる楽しさは人間の身勝手とばかりは言えないような気がする。そう思いながらもメルモの身体に蛋白質が悪いと聞けば欲しがる鶏のササミをこっそり冷蔵庫にしまう私でもある。

食欲にまかせて食べさせていたら大猫になって、フーフーと苦しそうに歩いている猫を見たが、自分自身の反省も含めて何事もほどほどがよさそうである。

食欲の秋、息子も娘も体調やスタイルを気にしはじめている。子供の頃、これを食べろ、あれを食べすぎるな、食後には歯を磨いて、などと言っていたのが、この頃は我が身に同じことを呟いている。健康第一、過食厳禁。

サンタクロースがやってきた

クリスマスが近づくと、まだサンタクロースを信じていた私の二人の子供たちにどうやってプレゼントを渡すかを考えるのが楽しくて仕方がなかった。子供の欲しがっている物を日頃からチェックしておいて用意するのだが、彼らに悟られないようにするのが大変だった。隠し場所には苦労した。子供の目が届かない高い所や、戸棚の奥の方に入れて何食わぬ顔をしていなければならない。しかも彼らが寝ている間にそれを取り出して置いておかなければならないのだから苦労する。

置く場所にも毎年工夫をした。早朝、こっそり庭の木の下に置いた時には、子供たちが起きるのを待ち、雨戸を開けた。

「ゆうべサンタさんが来なかった」とがっかりしていた彼らは、庭に置かれたプレゼントを発見し「来ていたんだ！」と驚き、喜んだ。その姿を見て、私は演出の成功に心の中で一人拍手をしたものだ。

十二月になると小さなモミの木に皆でモールや人形を飾るのが我が家の一年のしめくくりの行事となり、賑やかなひとときが訪れる。子供たちが少し大きくなった時、家には白猫のミミがいて、必ず一緒になって飾り物の箱を覗いたり、羽のついている天使の人形にじゃれたりしていた。その様子はまるで三人兄妹のようであった。すっかり飾りつけが終わり、点滅する星くずのような豆電気が灯ると、ミミはその木の下に入って見上げ、しばらく動かない。彼女にとっても一年に一度のイベントに違いなかった。

年月が過ぎるごとにだんだん静かな聖夜が訪れるようになり、ミミもお婆(ばあ)さんになって「年の瀬だねえ」とでも言うようにテレビの上で目をつぶったりしていた。その頃ミミより少し年下の長毛の白猫フワもいた。

あるクリスマスイブの食卓で家族が揃(そろ)い、互いにプレゼントやカードを渡しあって

いると、私の母が「これはミミちゃんとフワちゃんに」と言ってテーブルの上に二つの小さな袋を置いた。開けてみるとミミには赤いチャンチャンコが、フワには赤に黒い縁どりのある三角帽子が出てきた。編み物が好きな母は孫たちにもセーターやチョッキなど色々編んでくれたが、ミミやフワにも編んでくれたのだ。二匹とも母のプレゼントを身につけてカメラに収まったのは言うまでもない。赤い衣裳の白猫たちはまるでサンタクロースのようだった。

猫三大ニュース

猫の手も借りたい年末の忙しさが過ぎ、新年を迎えると去年一年、何があったかと振り返る。我が家の十大ニュースを指折り数えてランク付けをしてみたりする。猫たちも家族だから勿論一つや二つは入ってくる。それでも彼らの生活範囲は限られているので、毎年同じように今年は一匹増えたとか減ったとか、家出をしたとかお隣の木の上から下りられなくなって大騒ぎしたとか、大きな鳥を捕ってきたとかの程度でしかない。何十年も猫の絶え間がなかったのだから猫たちだけの十大ニュースを絞り込んではみるが、たわいのない事ばかりでとても難しい。

二十年生きた長寿猫がいた。娘が可愛がって育てたのだが、家に迷い込んできたその仔猫はノミのマンションと化して建て替え不能だった。けれど娘のリフォームによって立派になり、どの猫よりも威厳に満ち最後に老衰で死を迎えるまで、見えない目と聞こえない耳を恐れず生活していた。家の猫の中で一番長生きをしたので、二十年二十年と猫友達に自慢をしていたら、私のは二十二年という人が現われ飼い主共々表彰されたという。でも猫として二十年生きるのは多分もの凄いことだ。フワちゃんに拍手。

両後足麻痺を克服して縄張りまで作った猫もいた。両手（前足）だけで木に登り、下りる時両手を離してドタン！　と身を投げ足をひきずりながら水を飲みにいく。敵に襲われそうになると必死で逃げ、雪の中を血尿を流して歩く。自身のリハビリでしっかり歩けるようになった時は感動的だった。自然の生命力は凄い。パーマンに拍手。

子育て放棄をした母猫の五匹の子供を自分の沢山の子供と一緒に育てた猫がいた。

全部で十匹ぐらい。まだ見えない目で乳房を求めて一匹また一匹とやってくる抱えきれない赤ん坊の面倒を見た。凄い。ニャモに拍手。

順位入りしなかった猫は不満かもしれないが、命の大切さを教えてくれた三大ニュースとして三匹が思い浮かぶ。今年の一年はどんな年になるのだろうかと世の中や家に起きる事柄を思い、どう過ごし、どう続いていくのだろうと余計な考えが頭を巡る。平和で愛情溢れる世の中であってほしい。無論猫たちにとっても。

楽園迷想

墓石のデザインに迷っているとか、樹木葬にしたいとか、海に散骨をしてきたとかいう同年代の人たちの話を聞く事が多くなってきた。ペットも死んでから納骨まで業者に頼み、豪華にとり行なった上お墓まで特別に用意する人たちが増えて、昔とは違ってきたなと痛感する。

そういう私の愛しい猫たちも、ペット霊園のお世話になっている。都内のお寺で、ある時からペットの埋葬を始めたのだと思うが、そこには人間たちのお墓が並び、奥の方にペットの供養塔があり、地下に納骨堂がある。ビル形式の人間のお墓と同じように、家ごとにずらりと並び、前面の棚の上にはペットの写真と共に花や好物やおもちゃなどが置かれている。猫や犬が圧倒的に多いが、馬がいたのには驚いた。

我が家の猫たちは供養塔の下に眠っている。お経をあげていただいて家に持って帰ってきた小さな骨壺を、やがて供養塔の下に埋葬するのだが、骨は壺から出されバラバラと土中に入っていく。樹木葬に近いかもしれない。卒塔婆（そとば）や供養塔の両横に設置されたプレートには愛猫、愛犬の名前が沢山あるが、愛兎や愛亀などもあり動物たちの楽園のように思えてくる。しかも傍の塀の上には有り難いことに年寄りの猫が必ず墓守りのように坐っているのだ。家にいたシミもパーもミミもフワも、庭の花や草でいっぱいの箱の中に、お気に入りの遊び道具と一緒に入れられて霊園に運ばれた。パーが死んだ時、まだ小さかったメルモに「パーおじさんだよ」と言ったら、私に抱かれいつまでも覗いていた。ミミの時はその性格を表わすような激しい雷雨の中で、フワの時は娘がとてもとても悲しそうに泣いていた。お墓に入らずひっそりと死に場所を求めていなくなったのもいた。

昔は家で飼い猫が死ぬと庭に埋めたものだ。動物や人間のあの世行きが変わってきたのも、場所や後継者問題が関係しているのだろう。自然に生を受けた生き物は、この世から去れば自然に戻っていく。戻り方や戻った後の形にこだわるのは生きている者の考える事で、後の世では一体どんな様子になっているのだろうか。

猫好きの杞憂

近所から猫が消えた。猫好きの老婦人が三人いたのだが、数年のうちに三人とも亡くなってしまったからだ。彼女たちは軒下や玄関先に必ず餌と水を用意していたので猫の絶え間がなかった。長い年月に入れ替わり立ち替わりやってきた猫たちには世代交代もあっただろうが、世話する方は一代限りだったようで、三人の姿を見かけなくなってからは餌入れも猫の気配もなくなった。

多少の移転はあったものの私が東京の現住所に暮らすようになって六十年になる。当然の事ながら景色も人も様変わりした。昔は畑があちこちにあり、家の前にはススキの野原が広がっていた。坂を下ると細い川が流れ、先の方には竹林があり、ツメクサの生えた広場には山羊(やぎ)もいた。そういうのどかな場所のあちこちに猫たちは昼寝し、走り、木に登って鳥を捕り、大声を張りあげて喧嘩などをしていたものだ。

　時を経て、当時の広々とした空間にはマンションや店が立ち並び、猫たちにとっても、人間の子供たちにとっても遊び場が減少して町全体が大分窮屈になってしまった。それでも猫一族は家並みの隙間を通り抜けて、相変わらず自由気儘に猫好きの人間と交流していたのである。しかし情報

の飛び交う昨今、人々は必要以上に神経質になってきて、猫は不潔、餌やりは厳禁などと、ノラ猫たちは生きづらくなってきたようだ。守ってくれた人々を失って彼らは何処へ向かうのだろう。

散歩の途中で会った猫の顔が浮かぶ。髭の立派な白黒猫のソーセキ先生、丸顔ぽっちゃりのアサシオ、声がそのまま名前になったニエーン、不思議な顔のウチュウジンとその子供コチュウジン。シロチャン、クロチャン、丸ミケちゃん。ご機嫌いかが？何しているの？ 今晩は冷えるね。元気でね。声をかけたあの猫たちの子孫はこの町を捨てていってしまったのだろうか。年頭に、彼らが生き生きとした様子で戻ってくる日を願い、触れあう心を失いはじめた人間たちの将来を憂える。

エピローグ　うちの犬党と猫党

父は動物好きだった。

猫よりは、犬党だったが、猿を飼ってみたいと言い出したりして、母を嫌がらせた。

動物は可愛かったり面白かったりするけれど、世話をするのが大変だから、家事に携(たずさわ)る母には、手数のかかるあまり有難くない存在であったのだろう。注意を怠ると動物たちのまわりは不潔になるから、そんなことも気にかかったのだと思う。家にいる犬や猫と、ただ遊んでいればいい父や私たち姉妹に対して、「汚い、汚い」とぶつぶつ言うのは母であり祖母であった。

それでも犬は絶え間なく家にいた。茶色の雑種犬トビ、お菓子屋さんからついてきて、家に居ついた白犬のペロ、長岡輝子さんからいただいたスピッツのポーシャ、そして五匹の息子たち。
保健所行きを危うく逃れて来た気のいいジロー、せわしくなく動きまわるヨーク
シャーテリアのポッピー、ノラ犬だった忠実な番犬サブ。
犬はいつもでもちゃんと家にいて、呼ぶと尻尾を振って返事をする。
猫も数えたらきりがないほど家に出入りしていた。
四歳のとき鵠沼で出会ったチーコという猫からはじまって、何匹の猫と暮らし、別
れたのだろうか。
父が「キティ台風」という芝居で使った猫で、家においてやったリケ、肥ったトラ
猫のレオ。お行儀のいいミーコ、雌猫のニャモ、ネネ、ミケ、そして彼女たちの大勢
の子供たち。
猫はいつでもいつの間にか家に来て、いつの間にかいなくなってしまう。

父の犬党のむこうをはって、私は断然猫党である。

なんのかんのと理由をみつける以前に、猫が傍にいるだけで、傍にいる猫を見ているだけで、猫と暮らせる、それだけでいいのだ。

昔から捨て猫を拾ってきては自分の部屋に連れ込み、寝場所と餌を与え、誰が何を言っても離さなかった。

家の者はみんな、こっそりと捨ててしまうといういやらしい手段はとらなかったから、私の意志のまま黙認された。その代わりに、責任は自分でとらなければならない。

春のある日、私の飼い猫が蜂に刺された。手がグローブをはめたように腫れあがり化膿しかかって痛そうなことといったらない。私は小遣いを持って獣医のH先生に助けを求めることにした。

財布の中の少しばかりの小銭は治療代に足りるはずがなかったろうに、私の気持ちを察して、H先生は充分な処置を施してくださった。おかげで、猫の手はまもなく元どおりに治ったのだった。

私は人の親切を知ったうえに、責任を果たした満足感でいっぱいだった。

母親になろうとする犬や猫が、大きなお腹をゆさゆさと動かしながらすれ違っていく期間は、家の者たちはみんな優し気だった。母も普段のわずらわしさを忘れたように、子の誕生を待ち望んでいるようにみえた。

どんな子だろうとか、何匹だろうとかいう想像は度を越して、こんな子だとか、何匹だとかいう断定にかわり、結果が待ち遠しくなる。

そして、いよいよその時が来ると、出産用にしつらえた箱の前にしゃがんで、みんなで覗き込むのだった。顔見知りの人間たちに囲まれて、彼女たちは一匹ずつ、苦しそうに、でも嬉しそうに、子を生んでいく。

そして、今度はその一匹一匹を慈しむように、頭の先から尾っぽの先まで、舌が疲れないかと思うほど徹底的に舐めまわすのだ。

ときどき目を細めて、いい子だろうと言わんばかりに、人間たちを見上げる仕草も忘れない。そうすると私たちはもう、どんな子だとか、何匹だとかいう結果などどうでもよくなって、子供たちが無事に育つことだけを願うようになる。


家に同居していた二匹の雌猫が、同時に五匹ほどの赤ん坊を生んだことがある。

着物をはしょって雑巾がけでもしそうな年増の白猫と、ぷくんと丸くて、キュートな雌猫の幼妻である。二匹の親を交えて合計十匹以上の猫が我が家の一角を占領することになった。


赤ん坊猫はどれも元気で、狭い箱の中でもわれ先にと、母親のお腹に潜り込む。母親たちもたいして疲れたようでもなく、赤ん坊を抱えて喉を鳴らしていた。

しかし、平和な日々は長くは続かなかった。幼妻のせいである。ある日からぱたっと育児をやめて遊びだしたのである。

「飽きちゃった」彼女はそんな目つきをして、窓から外へ出ていったきり、夜の町へ消えていった。

朝になると戻って来て、暫く昼寝を楽しむと、改めて身なりを整えて出かけていく。まだよく歩けない赤ん坊がピーピー泣いているのが聞こえているのに、知らん顔して足早にいなくなるのだ。

「しょうがないねえ」年増のほうは、見るに見かねて、残されたよその五匹の乳飲み子を引き受けて、我が子と変わりなく育てはじめた。一匹で両方を一度にである。なんと頼もしいことか。

お乳をやり、身体を舐めてやり、寝かしつけると、合間を見て自分の食事と排泄をすませる。育児に明け暮れて身だしなみどころではない。

ある日、彼女は少し大きくなった子供たちをみんなソファの上に連れていき、ごちゃごちゃ群がる茶色や白の頭や、背中や、お尻を一所懸命舐めてやっていた。無我夢中で他に気をとられぬまま、あのザラザラとしたピンクの舌で、どこまでも、どこまでも。と、突然年増の母親猫が毛を逆立て、牙を剥き出し、フワーっと凄い勢いで怒り、毛を逆立てた。

幼妻がいたのである。とろんと寝ぼけたような顔をして「どうしたの？」と言いた気に、どてっと横たわっている。

年増の猫は、脇目もふらずに子供たちを舐めていたその舌で、思わずそこに寝そべっていた幼妻の顔まで舐めてしまったのだった。「子供の面倒まで見てやった挙句に、あんたの顔まで舐めてやるなんて、あたしゃなんて人のいい、いい猫なんだろう⁉」と思ったかどうか、日頃のうっぷん晴らしの一喝は迫力があった。

やがて幼妻は家出をして二度と戻ってはこなかった。年増のほうは日々甲斐甲斐しく動いて、沢山の子供たちを育てあげるのに余念がなかったのである。

動物の親子の交流を見るのはいいものだが、親と子が離れるのを見るのは、自然にならまだしも、人が介入する場合、どこかしらに罪の意識が残って、嫌な気持ちになる。かといって、次々に生まれる子を、そのまま家に置いてやるには限度があり、誰かに貰ってもらわなければならない。

血統書付きの犬や猫ならまず貰い手がつく。そうでなくても見映えのする可愛いのは四方八方手をつくせばなんとか住み処がみつかる。しかし、その規定から外れると、もうお手上げである。

選にもれた子は、人間たちの心配をよそに至極幸せだ。幸せなのが伝わってくるから、ますます離れ難くなる。親のほうも、数は減ってもまだ傍らに残っているから、多少安心もしていられる。

人間たちは彼女らを前に、いつかはどうにかしなくてはならないだろうと、頭と心を痛めるのだ。

ある日、父は何匹かの仔猫たちを連れて某所へ出かけた。そこは飼えなくなった動物たちを引取ってくれる良心的な団体で、飼い主も現われるかもしれないというので選んだようだった。その晩、例によってお酒が少々入った父が戻ってきて、連れていった猫たちの報告をしてくれた。

「大丈夫だ。誰かが貰ってくれる」

そう言いながら、暗くてゴム敷きの部屋へ連れていってしまったよ、とか、殺されてしまうよとか、不安材料を持ち出してきて私と姉を困惑させた。そして、そのうちに父の心が乱れ、更に飲みはじめたお酒の力をかりて収拾がつかなくなった。「クロ、クロ」と猫の名を呼び、ぽろぽろと涙を流したのである。

父の涙は止めどがなかった。ついさっきまで廊下を駆け抜けたり、ころんと横になってじゃれついてきたりしたクロを、見知らぬ場所に己の手で送り込んだ父の心の痛みは大きすぎて、とても私には受け止めることができなかった。

動物を飼うのは人間の勝手にすぎないと友達のひとりが言う。彼は一度だけ犬を飼った。けれどその犬を失ってから、犬への思いの深さもあって、二度と動物を飼おうとしない。

動物たちは自然の中で息づき、自然のまま死んでいくものだ。だから思いが深いほど、もう飼えないのだと言う。そのとおりだと思う。

けれど、同じ生きもの同士、縁あってついたり離れたりしながら、ときには勝手に、ときには図々しく、互いに領分を侵し合いながら暮らしていこうじゃないかとも思う。みんな同じ屋根の下で一緒に生きていってみようよと動物たちに誘いかけながら、これからも魅力的な彼らに翻弄されたいと思っている。

出典一覧

- 猫礼賛（「月刊ねこ新聞」2016年9月号 ㈲猫新聞社）
- ニャモ先輩（「月刊ねこ新聞」2015年5月号 ㈲猫新聞社）
- ミミが来た日（「月刊ねこ新聞」2014年9月号 ㈲猫新聞社）
- ミミ三昧（「月刊ねこ新聞」2014年10月号 ㈲猫新聞社）
- ミミの正体（「月刊ねこ新聞」2014年11月号 ㈲猫新聞社）
- ミミの錯覚（「月刊ねこ新聞」2014年12月号 ㈲猫新聞社）
- シミ・ピコ・パーの時代（「月刊ねこ新聞」2014年1月号 ㈲猫新聞社）
- 美猫の恋猫（「月刊ねこ新聞」2015年8月号 ㈲猫新聞社）
- 噛む猫メルモ（「月刊ねこ新聞」2014年2月号 ㈲猫新聞社）
- ガチャ三毛メルモ（「月刊ねこ新聞」2014年3月号 ㈲猫新聞社）
- メルモと人語（「月刊ねこ新聞」2014年4月号 ㈲猫新聞社）
- シミデレラ様（「月刊ねこ新聞」2014年5月号 ㈲猫新聞社）
- シミちゃんお母さん（「月刊ねこ新聞」2014年6月号 ㈲猫新聞社）
- シミの獲物（「月刊ねこ新聞」2014年7月号 ㈲猫新聞社）
- シミとミミ（「月刊ねこ新聞」2014年8月号 ㈲猫新聞社）
- ベテラン猫の教え（「月刊ねこ新聞」2015年2月号 ㈲猫新聞社）
- ひとりぼっちの仔猫（「月刊ねこ新聞」2015年3月号 ㈲猫新聞社）
- 遊べ遊べ（「月刊ねこ新聞」2015年7月号 ㈲猫新聞社）
- 縄張り（「月刊ねこ新聞」2015年4月号 ㈲猫新聞社）
- 雨の日に（「月刊ねこ新聞」2015年6月号 ㈲猫新聞社）
- 病気の猫神様（「月刊ねこ新聞」2015年9月号 ㈲猫新聞社）
- 過食厳禁（「月刊ねこ新聞」2015年10月号 ㈲猫新聞社）
- サンタクロースがやってきた（「月刊ねこ新聞」2015年12月号 ㈲猫新聞社）
- 猫三大ニュース（「月刊ねこ新聞」2016年1月号 ㈲猫新聞社）
- 楽園迷走（「月刊ねこ新聞」2015年11月号 ㈲猫新聞社）
- 猫好きの杞憂（「月刊ねこ新聞」2015年1月号 ㈲猫新聞社）
- うちの犬党と猫党（「きむずかしやのハムレット」主婦と生活社）

プロフィール

芥川 耿子（あくたがわ　てるこ）【文】

神奈川県出身 エッセイスト

芥川比呂志、瑠璃子夫婦の三女として生まれる。学生時代から詩やエッセイなどの創作活動に励み、ユーモア溢れる文章を雑誌などに発表している。著書に「おむれつどろぼう」「きむずかしやのハムレット」「女たちの時間」「百年の薔薇」などがある。

芥川 奈於（あくたがわ　なお）【絵】

東京都出身

女子美術大学芸術学部卒業後フリーランスのイラストレーターとして連載を持つ。WEB媒体にコラム掲載。2015年個展「大切なことは全部、猫が教えてくれた。」を開く。同時に詩集「独立天気予報」出版。

Twitter @nao_act

Instagram @nao_act

芥川家の猫たち
まねき猫と猫まねき

2019年11月25日　初版第1刷発行

著　　者　文・芥川 耿子
　　　　　絵・芥川 奈於
発 行 人　伊藤 良則
発 行 所　株式会社春陽堂書店
〒104-0061 東京都中央区銀座3丁目10-9
KEC 銀座ビル 9F 902
TEL　03-6264-0855（代表）
https://www.shunyodo.co.jp/
印 刷 所　株式会社加藤文明社
DTP・装丁　株式会社バリューデザイン京都

ISBN978-4-394-88001-1　C0095